Torsten Döbbecke

Relativistische Optik und verallgemeinerte eigentliche Lorentz-Transformationen

Eine allgemeine Beziehung für den Aberrationswinkel

GRIN Verlag

Bibliografische Information der Deutschen Nationalbibliothek:

Die Deutsche Bibliothek verzeichnet diese Publikation in der Deutschen National-
bibliografie; detaillierte bibliografische Daten sind im Internet über http://dnb.d-
nb.de/ abrufbar.

Impressum:

Copyright © 2012 GRIN Verlag GmbH
Druck und Bindung: Books on Demand GmbH, Norderstedt Germany
ISBN: 978-3-656-19817-8

Dieses Buch bei GRIN:

http://www.grin.com/de/e-book/194070/relativistische-optik-und-verallgemeinerte-
eigentliche-lorentz-transformationen

Autor: Dipl.-ing. T. Döbbecke

Mai 2012

Relativistische Optik

und verallgemeinerte eigentliche

Lorentz-Transformationen

Eine allgemeine Beziehung für den Aberrationswinkel

Relativistische Transformationen optischer Kenngrößen bei beliebiger Bewegungsrichtung der Bezugssysteme und bei beliebiger Ausbreitungsrichtung der elektromagnetischen Welle im Raum mit Anwendungen auf die Lichtausbreitung in strömenden Medien

Inhalt

Einleitung

In diesem Beitrag wollen wir die grundlegenden mathematischen Beziehungen der speziell-relativistischen Optik herleiten, erläutern und verallgemeinern.

Wir betrachten dabei das Licht als eine elektromagnetische Welle und wir werden uns u.a. mit dem Doppler-Effekt des Lichtes und der Transformation der Wellennormale befassen. Neben dem longitudinalen und dem transversalen Doppler-Effekt werden wir insbesondere die allgemeine Beziehung für den Doppler-Effekt untersuchen. Wir wollen also zulassen, dass der Winkel zwischen der Bewegungsrichtung der Quelle oder des Beobachters und der Richtung des Lichtes beliebig ist. Zunächst nehmen wir an, dass die Bewegung der Bezugssysteme in x-Richtung erfolgt. Da wir die Gleichberechtigung der Bezugssysteme (wir betrachten Inertialsysteme) und die Konstanz sowie den Grenzcharakter der Lichtgeschwindigkeit voraussetzen müssen, ist es für die Transformation der Ortskoordinaten und der Zeitkoordinate erforderlich, die Lorentz-Transformationen zu verwenden. In Verbindung mit den Beziehungen für die Lichtausbreitung ergeben sich neben den relativistischen Transformationen für die Frequenz auch relativistische Transformationen für die Richtungskosinus und damit eine Transformation der Wellennormale sowie ein relativistischer Aberrationswinkel in Abhängigkeit von der Geschwindigkeit und in Abhängigkeit von den Richtungswinkeln.

Wir können nun diese Beziehungen für beliebige Richtungswinkel des Lichtes zur Bewegungsrichtung der Quelle oder des Beobachters und für beliebige Geschwindigkeitsrichtungen der Bezugssysteme zu den Koordinatenachsen verallgemeinern. Für diese verallgemeinerten relativistischen Transformationen in der Optik benötigen wir dann die verallgemeinerten, eigentlichen Lorentz-Transformationen (Lorentz-Drehungen) für beliebige Geschwindigkeitsrichtungen. Wir gehen zunächst auf diese Transformationen ein, ehe wir sie auf die Optik anwenden und daraus weitere Transformationsformeln gewinnen. Weiterhin behandeln wir die Lichtausbreitung in strömenden Medien, wobei wir beachten müssen, dass sich das Additionstheorem der Geschwindigkeiten aus der Kinematik i.a. nicht auf dieses Problem anwenden lässt. Deshalb untersuchen wir verschiedene Verallgemeinerungen des Additionstheorems. Wir erweitern anschließend unsere relativistischen Transformationsbeziehungen der optischen Kenngrößen für die Lichtausbreitung in einem strömenden Medium, wobei wir auch in diesem Fall beliebige Geschwindigkeitsrichtungen (Lichtrichtung und Strömungsrichtung) annehmen und eine Reihe von Spezialfällen behandeln.

Zum Abschluss wollen wir auf die Möglichkeit von relativistischen Umkehreffekten eingehen und dabei sehen, wie diese Möglichkeit mit Beziehungen der relativistischen Optik und mit der Veränderung von Bedingungen bei der Messung zusammenhängt.

1   Grundlegende Transformationen und Effekte, Doppler-Effekt und Aberration

Beschreibt man die Lichtausbreitung im Vakuum als eine elektromagnetische Welle, so lässt sich die Lösung der Wellengleichung für den Vektor **E** der elektrischen Feldstärke wie folgt angeben:

$$\mathbf{E} = \mathbf{E_0} \cdot e^{i\phi(\mathbf{r},t)} \tag{1.1}$$

Hierin bezeichnen wir die für die Wellenausbreitung charakteristische Funktion

$$\phi(\mathbf{r},t) = \omega \cdot t - \mathbf{k} \cdot \mathbf{r} = 2\pi \cdot f\left(t - \frac{\mathbf{r} \cdot \mathbf{n}}{c} \right) \tag{1.2}$$

im Exponenten als Phase oder als eine Wellenfunktion, worin f die Frequenz der Welle und **n** die Wellennormalen mit

$$\mathbf{n} = \left(\cos\alpha \ \ \cos\beta \ \ \cos\gamma \right)^{T} \tag{1.3}$$

(ausgedrückt mit den Richtungskosinus) ist. Die Wellennormale sei beliebig zu den Koordinatenachsen orientiert. Der Koordinatenvektor ist durch

$$\mathbf{r} = \left(x \ y \ z \right)^{T} \tag{1.4}$$

gegeben. Die Lichtgeschwindigkeit (Ausbreitungsgeschwindigkeit der elektromagnetischen Welle) im Vakuum bezeichnen wir mit c. Wir haben in (1.2) die Kreisfrequenz $\omega = 2\pi \cdot f$ durch die Frequenz und den Wellenzahlvektor $\mathbf{k} = \dfrac{\omega}{c}\mathbf{n} = \dfrac{2\pi}{\lambda}\mathbf{n}$ mit dem Normalenvektor der Welle ausgedrückt. Für eine relativistische Betrachtung wollen wir die Transformation der Wellenfunktion vom Bezugssystem S in das Bezugssystem S' oder umgekehrt betrachten, wobei die Bezugssysteme Inertialsysteme sind. Es ergibt sich entsprechend im Bezugssystem S' mit den gestrichenen (transformierten) Größen dafür:

$$\phi' = 2\pi \cdot f'\left(t' - \frac{\mathbf{r}' \cdot \mathbf{n}'}{c} \right) \tag{1.5}$$

Hierin ist

$$\mathbf{r}' = \left(x' \ y' \ z' \right)^{T} \tag{1.6}$$

der transformierte Koordinatenvektor und

$$\mathbf{n}' = \left(\cos\alpha' \ \ \cos\beta' \ \ \cos\gamma' \right)^{T} \tag{1.7}$$

der transformierte Normalenvektor der elektromagnetischen Welle. Die Umrechnungen erfolgen mittels der Lorentz-Transformationen für die Raumkoordinaten und die Zeitkoordinate. Daraus folgt auch eine Transformation der Richtungskosinus und damit der Wellennormalen, sowie der Frequenz der elektromagnetischen Welle. Die Ausbreitung der elektromagnetischen Welle erfolgt nun mit sämtlichen transformierten Größen nach dem zu (1.1) analogen Gesetz. Für die Bestimmung der Transformationsgesetze können wir deshalb von der Invarianz der Phasenfunktion $\varphi = \phi / 2\pi = \phi' / 2\pi = \varphi'$ ausgehen, wobei wir noch durch 2π dividiert haben. Daraus folgt also mit (1.2) und (1.5) der Ansatz:

$$\varphi = f\left(t - \frac{\mathbf{r} \cdot \mathbf{n}}{c}\right) = f'\left(t' - \frac{\mathbf{r'} \cdot \mathbf{n'}}{c}\right) = \varphi' \tag{1.8}$$

Wenn wir hierin die Skalarprodukte der Koordinatenvektoren mit den Normalenvektoren der elektromagnetischen Welle ausführlich notieren, so erhalten wir aus (1.8):

$$\begin{aligned} f \cdot t - \frac{f}{c}&\left(x \cdot \cos\alpha + y \cdot \cos\beta + z \cdot \cos\gamma\right) \\ = f' \cdot t' - \frac{f'}{c}&\left(x' \cdot \cos\alpha' + y' \cdot \cos\beta' + z' \cdot \cos\gamma'\right) \end{aligned} \tag{1.9}$$

Die Bewegung der Quelle oder des Beobachters erfolge nun in x-Richtung gradlinig und gleichförmig, wobei wir hierfür die speziellen Lorentz-Transformationen für die Ortskoordinaten und die Zeitkoordinate verwenden müssen, da weder die Quelle noch der Beobachter die Lichtgeschwindigkeit erreichen und überschreiten können und die Bezugssysteme gleichberechtigt sind (da wir Inertialsysteme betrachten). Es ist danach:

$$t = k\left(t' + \frac{v}{c^2} x'\right) \text{ bzw.} \tag{1.10a}$$

$$t' = k\left(t - \frac{v}{c^2} x\right) \tag{1.10b}$$

$$x = k\left(x' + v \cdot t'\right) \quad \text{bzw.} \tag{1.11a}$$
$$x' = k\left(x - v \cdot t\right) \tag{1.11b}$$

$y = y'$ und $z = z'$.

Hierin ist k der relativistische Korrekturfaktor mit

$$k = \frac{1}{\sqrt{1 - \dfrac{v^2}{c^2}}}. \tag{1.12}$$

Nach Einsetzen der Lorentz-Transformationen (1.10a) und (1.11a) in den Ansatz (1.9) und Ausklammern der Koordinaten erhält man:

$$\left(k\cdot f\cdot\frac{v}{c^2}-\frac{k\cdot f}{c}\cos\alpha\right)\cdot x'-\frac{f}{c}\cos\beta\cdot y'-\frac{f}{c}\cos\gamma\cdot z'+\left(k\cdot f-k\cdot f\frac{v}{c}\cos\alpha\right)\cdot t'$$

$$=f'\cdot t'-\frac{f'}{c}\left(x'\cdot\cos\alpha'+y'\cdot\cos\beta'+z'\cdot\cos\gamma'\right) \tag{1.13}$$

Ein Koeffizientenvergleich bezüglich t' in (1.13) ergibt nun die relativistische Transformation für die Frequenz der Welle zu

$$f'=f\frac{1-\frac{v}{c}\cos\alpha}{\sqrt{1-\frac{v^2}{c^2}}}\,. \tag{1.14}$$

Die Umkehrtransformation

$$f=f'\frac{1+\frac{v}{c}\cos\alpha'}{\sqrt{1-\frac{v^2}{c^2}}} \tag{1.15}$$

ergibt sich durch relativistische Vertauschung. Die Koeffizientenvergleiche in (1.13) bezüglich der Raumkoordinaten ergeben die relativistischen Transformationen für die Richtungskosinus der Welle.
Ein Koeffizientenvergleich bezüglich x' in (1.13) unter Verwendung von (1.14) ergibt

$$\cos\alpha'=\frac{\cos\alpha-\frac{v}{c}}{1-\frac{v}{c}\cos\alpha}\quad\text{bzw.}\quad\cos\alpha=\frac{\cos\alpha'+\frac{v}{c}}{1+\frac{v}{c}\cos\alpha'}\,. \tag{1.16}$$

Ein Koeffizientenvergleich bezüglich y' ergibt unter Verwendung von (1.14)

$$\cos\beta'=\cos\beta\frac{\sqrt{1-\frac{v^2}{c^2}}}{1-\frac{v}{c}\cos\alpha}\quad\text{bzw.}\quad\cos\beta=\cos\beta'\frac{\sqrt{1-\frac{v^2}{c^2}}}{1+\frac{v}{c}\cos\alpha'}\,. \tag{1.17}$$

Analog ergibt sich aus dem Koeffizientenvergleich bezüglich z'

$$\cos\gamma'=\cos\gamma\frac{\sqrt{1-\frac{v^2}{c^2}}}{1-\frac{v}{c}\cos\alpha}\quad\text{bzw.}\quad\cos\gamma=\cos\gamma'\frac{\sqrt{1-\frac{v^2}{c^2}}}{1+\frac{v}{c}\cos\alpha'}\,. \tag{1.18}$$

Die zweite Formel für den Richtungskosinus in (1.16) (1.17) und (1.18) ergibt sich jeweils durch relativistische Vertauschung aus der ersten Formel.

Es resultiert damit also eine relativistische Transformation der Wellennormalen und damit eine relativistische Aberration des Lichtes (Abhängigkeit der Ausbreitungsrichtung des Lichtes von der Geschwindigkeit des Bezugsystems), sowie ein relativistischer Doppler-Effekt. Die Aberration des Lichtes beruht auf dem folgendem Zusammenhang: Während der Zeit, in der das Licht den Weg von der Quelle zum Beobachter zurücklegt, hat sich aber bereits der Beobachter bzw. die Quelle mit einer bestimmten Relativgeschwindigkeit weiterbewegt. Dadurch erscheint die Quelle unter einem veränderten Winkel. Der Aberrationswinkel ist dabei der Winkel zwischen den beiden Wellennormalen. Wir erhalten ihn also aus

$$\cos\vartheta = \mathbf{n}\cdot\mathbf{n}' = \cos\alpha\cos\alpha' + \cos\beta\cos\beta' + \cos\gamma\cos\gamma'. \tag{1.19}$$

Für eine astronomische Beobachtung sei $\cos\alpha = 0$ und $\cos^2\beta + \cos^2\gamma = 1$. Für den Aberrationswinkel erhalten wir für diesen Fall aus (1.19) und mit unseren Transformationsbeziehungen für die Richtungskosinus

$$\cos\vartheta = \sqrt{1-\frac{v^2}{c^2}} \quad \text{oder} \quad \tan\vartheta = \frac{\frac{v}{c}}{\sqrt{1-\frac{v^2}{c^2}}}. \tag{1.20}$$

Näherungsweise kann man für kleine Geschwindigkeiten gegenüber der Lichtgeschwindigkeit einfach das Verhältnis der Geschwindigkeit zur Lichtgeschwindigkeit als Aberrationswinkel nehmen. Aus der Invarianz der Phase folgte auch der relativistische Doppler-Effekt des Lichtes (relativistische Frequenzänderung des Lichts).

Der Winkels α ist der Winkel zwischen der Ausbreitungsrichtung des Lichtes und der Bewegungsrichtung des Bezugsystems (die in x-Richtung erfolgt) im Bezugsystem der Quelle (Quellenwinkel). Wir erhalten dann, wenn wir $f' = f$ und $f = f_0$ setzen:

$$f = f_0 \frac{1-\frac{v}{c}\cos\alpha}{\sqrt{1-\frac{v^2}{c^2}}} \tag{1.21}$$

Hierin ist f_0 die Frequenz des Lichtes wenn $v = 0$ ist. Desweiteren ist f die in Abhängigkeit von der Geschwindigkeit und vom Richtungswinkel veränderte Frequenz.

Der Winkels α' ist der Winkel zwischen der Ausbreitungsrichtung des Lichtes und der Bewegungsrichtung des Bezugsystems im Bezugsystem des Beobachters (Beobachterwinkel). Die mit einem Strich versehenen Größen werden also auf einen Beobachter außerhalb der Quelle bezogen.

Bei Verwendung des Winkels α' ergibt sich für die Frequenzverschiebung:

$$f = f_0 \frac{\sqrt{1 - \dfrac{v^2}{c^2}}}{1 + \dfrac{v}{c}\cos\alpha'} \tag{1.22}$$

Diese Formel ergibt sich durch Umstellung der Beziehung (1.15) nach f'. Die Richtungswinkel sind im Allgemeinen von der Geschwindigkeit abhängig. Weiterhin müssen beide Formeln für den Doppler-Effekt (1.21) und (1.22) für eine bewegte Quelle und einen ruhenden Beobachter aber auch für den umgekehrten Fall gültig sein, da die Bezugssysteme gleichberechtigt sind (Inertialsysteme). Der Unterschied in den beiden Beziehungen besteht also lediglich in der Verwendung unterschiedlicher Winkel, welche in unterschiedlichen Bezugssystemen gemessen werden. Beide Formeln sind also äquivalent und ergeben die gleiche Frequenzverschiebung. Deshalb können wir die Formeln (1.21) und (1.22) gleichsetzen. Daraus ergibt sich wieder (wie oben) die entsprechende Beziehung zwischen den Richtungswinkeln.

Wir untersuchen nun speziell den longitudinalen und anschließend den transversalen Doppler-Effekt. Beim longitudinalen Doppler-Effekts bewegen sich Quelle oder Beobachter auf einer Linie aufeinander zu oder voneinander weg. Für $\alpha = \alpha' = 0$ haben wir den Fall, dass sich die Quelle vom Beobachter oder der Beobachter von der Quelle longitudinal entfernt (Die Lichtrichtung ist dabei parallel zur Geschwindigkeitsrichtung des Beobachters). In beiden Fällen tritt eine Frequenzverminderung mit Vergrößerung der Geschwindigkeit auf. Wir erhalten aus der Beziehung (1.21) oder (1.22):

$$f = f_0 \sqrt{\frac{1 - \dfrac{v}{c}}{1 + \dfrac{v}{c}}} \tag{1.23}$$

Für $\alpha = \alpha' = \pi$ haben wir den Fall, dass sich die Quelle dem Beobachter oder der Beobachter der Quelle nähert (Die Lichtrichtung ist dabei antiparallel zur Geschwindigkeitsrichtung des Beobachters). In beiden Fällen tritt eine Frequenzerhöhung mit Vergrößerung der Geschwindigkeit auf. Wir erhalten aus der Beziehung (1.21) oder (1.22):

$$f = f_0 \sqrt{\frac{1 + \dfrac{v}{c}}{1 - \dfrac{v}{c}}} \tag{1.24}$$

Für den transversalen (quadratischen) Doppler-Effekt ist der Winkel der Bewegungsrichtung zur Ausbreitungsrichtung der elektromagnetischen Welle gleich 90 Grad. Beim Mößbauer Experiment z.B. rotiert ein Zylinder dessen Mantel auf der Innenseite mit Fe^{57} Kernen beschichtet ist, welche Gamma-Strahlung absorbieren, die von einer ruhenden Quelle Q (Zylinderachse mit Co^{57} Kernen) ausgesandt werden. Die Fe-Kerne (Absorber) können wir als eine Folge von bewegten Beobachtern B betrachten (Siehe Abbildung).

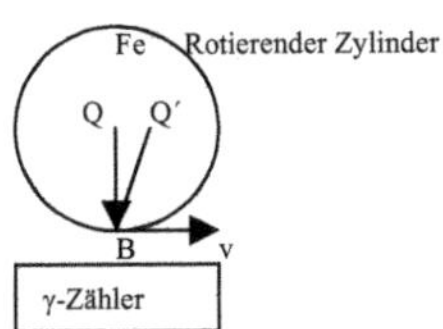

Aufgrund der Aberration erschient die Quelle Q von B aus (Bezugssystem der Fe-Kerne) nach Q′ verschoben. Der Richtungswinkel im Bezugssystem der Quelle ist hier konstant 90 Grad. Damit ergibt sich nach Formel (1.21) eine Frequenzerhöhung mit Vergrößerung der Geschwindigkeit zu

$$f = \frac{f_0}{\sqrt{1-\dfrac{v^2}{c^2}}} \cdot \qquad (1.25)$$

Der Beobachterwinkel (Winkel α' im Bezugssystem B der Fe-Kerne) ist jedoch aufgrund der Aberration des Lichtes geschwindigkeitsabhängig. Es ergibt sich für unseren speziellen Fall aus der ersten Formel von (1.16):

$$\cos\alpha' = -\frac{v}{c} \qquad (1.26)$$

Damit können wir auch in die Beziehung (1.22) eingehen und erhalten erneut die Beziehung (1.25). Die Atomkerne von manchen Isotopen (z.B. Fe^{57}) können Gamma-Quanten mit einer außerordentlichen Frequenzschärfe emittieren oder absorbieren, wenn die Kerne in geeigneten Kristallgittern eingelagert sind. Die Schärfe der Resonanzlinie ist in unserem Beispiel durch $\Gamma = 5{,}5 \cdot 10^{-13}$ gegeben. Dadurch kann der Doppler-Effekt schon bei niedrigen Geschwindigkeiten beobachtet werden. Der das Absorptionsvermögen kennzeichnende Wirkungsquerschnitt Q des Kerns ergibt sich zu:

$$Q = \frac{Q_{res}}{1 + \dfrac{1}{\Gamma^2}\left(\dfrac{f-f_0}{f_0}\right)^2} \qquad (1.27)$$

Der Wirkungsquerschnitt hängt also von der relativen Frequenzverschiebung ab. Der maximale Wirkungsquerschnitt ist der Resonanzquerschnitt Q_{res}, der sich bei $v = 0$ ergibt, wenn also $f = f_0$ ist. Vergrößert sich nun die Frequenz des ankommenden Gammaquants im Bezugssystem B aufgrund des Doppler-Effektes, so verringert sich der Wirkungsquerschnitt.

Wir konstruieren jetzt eine andere Situation des transversalen Doppler-Effektes. Wir setzen voraus, dass der Beobachterwinkel (und nicht der Quellenwinkel) konstant 90 Grad beträgt. Wir erhalten damit aus Formel (1.22) eine Frequenzverringerung mit Vergrößerung der Geschwindigkeit:

$$f = f_0 \sqrt{1 - \frac{v^2}{c^2}} \tag{1.28}$$

In diesem Fall erhalten wir aber aus der zweiten Formel von (1.16) einen geschwindigkeitsabhängigen Quellenwinkel. Es ergibt sich dann

$$\cos \alpha = \frac{v}{c}. \tag{1.29}$$

Hier tritt nun eine Besonderheit auf. Die Formel (1.28) kann nämlich als Konsequenz der speziell-relativistischen Zeitdehnung aufgefasst werden. Denn diese Frequenzverringerung entspricht einer relativistischen Periodenzunahme mit demselben relativistischen Faktor, der bereits bei der Zeitdilatation auftrat.

Für die speziell-relativistische Zeitverschiebung ergibt sich nämlich mittels der Lorentz-Transformationen (1.10a) bzw. (1.10b) (Messung am gleichen Ort in S' bzw. S):

$$\Delta t = \frac{\Delta t'}{\sqrt{1 - \frac{v^2}{c^2}}} \quad \text{bzw.} \quad \Delta t' = \frac{\Delta t}{\sqrt{1 - \frac{v^2}{c^2}}} \tag{1.30}$$

Man beachte hierbei, dass diese Beziehungen wiederum nicht durch Umstellung, sondern durch relativistische Vertauschung auseinander hervorgehen (wegen der Gleichberechtigung der Bezugssysteme).

2   Relativistische Optik und verallgemeinerte Lorentz-Transformationen

Wir wollen nun die Gleichungen der relativistischen Optik für beliebige Geschwindigkeitsrichtungen und für beliebige Richtungswinkel verallgemeinern. Für diese Aufgabe müssen wir die Lorentz-Transformationen für beliebige Geschwindigkeitsrichtungen verwenden.

2.1   Allgemeine eigentliche Lorentz-Transformationen

Wir behandeln jetzt die eigentlichen Lorentz-Transformationen mit beliebiger Geschwindigkeitsrichtung und ohne Verdrehung der Dreibeine[1].

Im Folgenden laufen die Indizes i, j, k von 1 bis 4 und die Indizes l, m, n von 1 bis 3. Mit der Transformationsmatrix

$$L_j^{i'} = \frac{\partial x^{i'}}{\partial x^j} \tag{2.1}$$

und den Galilei-Koordinaten $x^1 = x$ $x^2 = y$ $x^3 = z$ sowie $x^4 = ct$ lassen sich die Koordinatentransformationen wie folgt aufschreiben:

$$x^{i'} = L_j^{i'} x^j \tag{2.2}$$

Die Metrik im Minkowski-Raum ist durch

$$\eta_{ik} = \begin{pmatrix} 1 & 0 & 0 & 0 \\ 0 & 1 & 0 & 0 \\ 0 & 0 & 1 & 0 \\ 0 & 0 & 0 & -1 \end{pmatrix} \tag{2.3}$$

gegeben, was aus dem 4d-Linienelementquadrat

$$ds^2 = \left(dx^1\right)^2 + \left(dx^2\right)^2 + \left(dx^3\right)^2 - \left(dx^4\right)^2 = \eta_{ik} dx^i dx^k \tag{2.3'}$$

im Minkowski-Raum ersichtlich ist. Hiermit wird die Bedingungsgleichung

$$\sum_{j=1}^{4} L_j^{i'} L_j^{k'} \eta^{jj} = \eta^{i'k'} \tag{2.4}$$

für die Transformationskoeffizienten $L_j^{i'}$ formuliert. Wir behandeln eigentliche Lorentz-Transformationen (Lorentz-Drehungen). Dann ist

$$\det\left(L_j^{i'}\right) = 1 \text{ und } L_4^{4'} > 1. \tag{2.5}$$

Wir betrachten also kontinuierliche Transformationen (erste Bedingung), wobei die Zeitrichtung beibehalten wird, was in der zweiten Bedingung zum Ausdruck kommt. Bei den uneigentlichen Lorentz-Transformationen treten hingegen Raumspiegelungen und/oder eine Zeitumkehr auf. Für den Koeffizienten $L_4^{4'}$ erhält man:

$$L_4^{4'} = \frac{1}{\sqrt{1 - \dfrac{v^2}{c^2}}} = k \,. \tag{2.6}$$

Dies ist also gerade der relativistische Korrekturfaktor. Bei Spezialisierung auf einen festen Punkt in S' ergeben sich die Transformationen [1]

$$dx^m = c L_{4'}^m dt' \quad \text{und} \quad dt = L_{4'}^4 dt' \,. \tag{2.7}$$

Hiermit lassen sich die Geschwindigkeitskomponenten zu

$$v^m = \frac{dx^m}{dt} = c\,\frac{L_{4'}^m}{L_{4'}^4} \tag{2.8}$$

ermitteln. Eine entsprechende Auftrennung in einen räumlichen und einen raum-zeitlichen Anteil ergibt die folgenden Beziehungen für die Transformationskoeffizienten:

$$\sum_{l=1}^{3} L_l^{m'} L_l^{n'} - L_4^{m'} L_4^{n'} = \delta^{m'n'} \quad \text{und} \quad \sum_{l=1}^{3} L_l^{m'} \frac{v^l}{c} + L_4^{m'} = 0 \tag{2.9}$$

Hierin ist $\delta^{m'n'}$ der Kronecker-Tensor, der für gleiche Indizes den Wert 1 und für ungleiche Indizes den Wert 0 ergibt. In die Beziehungen (2.9) wird mit den Ansätzen

$$L_n^{m'} = A\delta^{mn} + Bv^m v^n \quad \text{und} \quad L_4^{m'} = Cv^m \tag{2.10}$$

eingegangen [1]. Es ergibt sich daraus für die Koeffizienten

$$A = 1 \quad B = \frac{k-1}{v^2} \quad \text{und} \quad C = -\frac{k}{c} \,. \tag{2.11}$$

Mit (2.11) und mit (2.6) ist die Transformationsmatrix ermittelt. Wir führen nun die Abkürzungen

$$a_{mn} = \frac{k-1}{v^2} v^m v^n \tag{2.12}$$

und

$$b_m = \frac{k \cdot v^m}{c^2} \tag{2.13}$$

ein, wobei $v_x = v^1$ $v_y = v^2$ und $v_z = v^3$ ist. Es ergibt sich damit, wenn wir noch eine relativistische Vertauschung vornehmen (Übergang von den gestrichenen zu den nicht gestrichenen Koordinaten):

$$\begin{pmatrix} x \\ y \\ z \\ t \end{pmatrix} = \begin{pmatrix} 1+a_{11} & a_{12} & a_{13} & c^2 b_1 \\ a_{21} & 1+a_{22} & a_{23} & c^2 b_2 \\ a_{31} & a_{32} & 1+a_{33} & c^2 b_3 \\ b_1 & b_2 & b_3 & k \end{pmatrix} \begin{pmatrix} x' \\ y' \\ z' \\ t' \end{pmatrix} \tag{2.14}$$

Die Gleichung für die Zeitkoordinate in S erhält man daraus zu

$$t = \frac{t' + \dfrac{\mathbf{v} \cdot \mathbf{r}'}{c^2}}{\sqrt{1 - \dfrac{v^2}{c^2}}} \tag{2.15}$$

und für die Zeitkoordinate in S' ergibt sich durch relativistische Vertauschung [1]

$$t' = \frac{t - \dfrac{\mathbf{v} \cdot \mathbf{r}}{c^2}}{\sqrt{1 - \dfrac{v^2}{c^2}}} \; . \tag{2.16}$$

Schreiben wir die Gleichung für die x-Koordinate ausführlich auf, so entsteht

$$x = x' + \frac{k-1}{v^2}\left(v_x^2 x' + v_x v_y y' + v_x v_z z'\right) + k v_x t' = x' + v_x\left(\frac{k-1}{v^2}(\mathbf{v} \cdot \mathbf{r}') + k \cdot t'\right) \tag{2.17}$$

Entsprechend erhält man die weiteren Transformationen für die Raumkoordinaten, sodass sich zusammengefasst

$$\mathbf{r} = \mathbf{r}' + \mathbf{v}\left(\frac{k-1}{v^2}(\mathbf{v} \cdot \mathbf{r}') + k \cdot t'\right) \text{ bzw. } \mathbf{r}' = \mathbf{r} + \mathbf{v}\left(\frac{k-1}{v^2}(\mathbf{v} \cdot \mathbf{r}) - k \cdot t\right) \tag{2.18}$$

ergibt. Aus den allgemeinen Lorentz-Transformationen sind die speziellen Lorentz-Transformationen sofort ersichtlich, wenn die Geschwindigkeitsrichtung in eine Koordinatenrichtung weist.

2.2 Relativistische Transformationen in der Optik bei beliebigen Geschwindigkeitsrichtungen

Wir wollen nun in den Gleichungen für den Doppler-Effekt und in den Gleichungen für die Transformation der Richtungskosinus beliebige Geschwindigkeitsrichtungen der Quelle oder des Beobachters zu den Koordinatenachsen berücksichtigen. Hierfür gehen wir wieder von der Invarianz der Wellenfunktion (der Phasenbeziehung)

$$\varphi = f\left(t - \frac{\mathbf{r} \cdot \mathbf{n}}{c}\right) = f'\left(t' - \frac{\mathbf{r}' \cdot \mathbf{n}'}{c}\right) = \varphi' \tag{2.19}$$

aus. Die Beschreibung der Wellenausbreitung erfolgt also auch mit den transformierten Koordinaten nach dem gleichen Gesetz. Für die jetzige Aufgabe müssen wir aber mit den verallgemeinerten Lorentz-Transformationen in den Ansatz (2.19) gehen. Unter Verwendung unserer Matrizendarstellung (2.14) ergibt sich dann:

$$f\left(t - \frac{\mathbf{r} \cdot \mathbf{n}}{c}\right) = f \cdot b_1 x' + f \cdot b_2 y' + f \cdot b_3 z' + f \cdot k \cdot t'$$

$$- \frac{f}{c}\left[\cos\alpha\{(1 + a_{11})x' + a_{12}y' + a_{13}z' + k \cdot v_x t'\} + \cos\beta\{a_{21}x' + (1 + a_{22})y' + a_{23}z' + k \cdot v_y t'\}\right] \tag{2.20}$$

$$- \frac{f}{c}\cos\gamma\{a_{31}x' + a_{32}y' + (1 + a_{33})z' + k \cdot v_z t'\} = f' \cdot t' - \frac{f'}{c}(x'\cos\alpha' + y'\cos\beta' + z'\cos\gamma')$$

Um die allgemeinen Transformationsbeziehungen hieraus abzuleiten, führen wir wieder Koeffizientenvergleiche bezüglich der Koordinaten aus. Zunächst führen wir einen Koeffizientenvergleich bezüglich t' aus. Wir erhalten dann die Transformation für die Frequenz:

$$f' = f \frac{1 - \dfrac{\mathbf{v} \cdot \mathbf{n}}{c}}{\sqrt{1 - \dfrac{v^2}{c^2}}} \quad \text{oder} \quad f = f' \frac{1 + \dfrac{\mathbf{v} \cdot \mathbf{n}'}{c}}{\sqrt{1 - \dfrac{v^2}{c^2}}} \tag{2.21}$$

Erfolgt beispielsweise nur die Bewegung in x-Richtung, so erhalten wir daraus wieder die Beziehungen (1.14) und (1.15) als Spezialfälle. Führen wir nun mit unserer verallgemeinerten Beziehung (2.20) einen Koeffizientenvergleich bezüglich der Raumkoordinate x' aus, wobei wir auch die erste Formel von (2.21) verwenden, so ergibt sich die folgende Transformation für den entsprechenden Richtungskosinus:

$$\cos\alpha' = \frac{\cos\alpha + \left(\dfrac{k-1}{v^2}(\mathbf{v} \cdot \mathbf{n}) - \dfrac{k}{c}\right)v_x}{k\left(1 - \dfrac{\mathbf{v} \cdot \mathbf{n}}{c}\right)} = \frac{f}{f'}\left[\cos\alpha + \left(\frac{k-1}{v^2}(\mathbf{v} \cdot \mathbf{n}) - \frac{k}{c}\right)v_x\right] \tag{2.22}$$

Hierin ist $\mathbf{v} = \left(v_x\, v_y\, v_z\right)^T$, $\mathbf{n} = \left(\cos\alpha\, \cos\beta\, \cos\gamma\right)^T$ und $k = \dfrac{1}{\sqrt{1 - \dfrac{v^2}{c^2}}}$. $\qquad$ (2.23)

Die Koeffizientenvergleiche bezüglich der Koordinaten y' und z' ergeben ähnliche Beziehungen für die entsprechenden Transformationen der Richtungskosinus. Damit erhalten wir mit $\varepsilon_1 = \alpha$ $\varepsilon_2 = \beta$ und $\varepsilon_3 = \gamma$ die Transformationsformel für alle Richtungskosinus zu

$$\cos\varepsilon_i' = \frac{\cos\varepsilon_i + \left(\dfrac{k-1}{v^2}(\mathbf{v}\cdot\mathbf{n}) - \dfrac{k}{c}\right)v^i}{k\left(1 - \dfrac{\mathbf{v}\cdot\mathbf{n}}{c}\right)} = \frac{\sqrt{1 - \dfrac{v^2}{c^2}}\,\cos\varepsilon_i + \left(\dfrac{1 - \sqrt{1 - \dfrac{v^2}{c^2}}}{v^2}(\mathbf{v}\cdot\mathbf{n}) - \dfrac{1}{c}\right)v^i}{1 - \dfrac{\mathbf{v}\cdot\mathbf{n}}{c}} \qquad (2.24)$$

bzw.

$$\cos\varepsilon_i = \frac{\cos\varepsilon_i' + \left(\dfrac{k-1}{v^2}(\mathbf{v}\cdot\mathbf{n}') + \dfrac{k}{c}\right)v^i}{k\left(1 + \dfrac{\mathbf{v}\cdot\mathbf{n}'}{c}\right)} \qquad (2.25)$$

Weist die Geschwindigkeitsrichtung in x-Richtung, so erhalten wir wieder die Beziehungen (1.16), (1.17) und (1.18). Der Kosinus des Aberrationswinkels ist nun (wie oben) durch

$$\cos\vartheta = \mathbf{n}\cdot\mathbf{n}' \qquad (2.26)$$

gegeben. Der Aberrationswinkel ist der Winkel zwischen der Wellennormalen und der relativistisch transformierten Wellennormalen. Die Wellennormalen ergeben sich aber mit den obigen Richtungskosinus. Wir erhalten demnach aus (2.26) unter Verwendung von (2.24):

$$\cos\vartheta = \sum_{i=1}^{3} \frac{\sqrt{1 - \dfrac{v^2}{c^2}}\,\cos^2\varepsilon_i + \left(\dfrac{1 - \sqrt{1 - \dfrac{v^2}{c^2}}}{v^2}(\mathbf{v}\cdot\mathbf{n}) - \dfrac{1}{c}\right)v^i \cos\varepsilon_i}{1 - \dfrac{\mathbf{v}\cdot\mathbf{n}}{c}} \qquad (2.27)$$

Hiermit haben wir also eine allgemeine Formel für den Aberrationswinkel bei Berücksichtigung der relativistischen Transformationen der Richtungskosinus, bei beliebiger Orientierung der Wellennormalen und bei beliebiger Geschwindigkeitsrichtung erhalten.

3   Verallgemeinerte Additionstheoreme der Geschwindigkeiten

Wir werden jetzt relativistische Additionstheoreme der Geschwindigkeiten betrachten, welche beliebige Geschwindigkeitsrichtungen zulassen. Hierbei lässt sich das Additionstheorem der Kinematik im Allgemeinen nicht auf die Lichtausbreitung im strömenden Medium anwenden. Hierfür müssen wir die Maxwell-Gleichungen zugrunde legen.

3.1   Additionstheorem der Geschwindigkeiten in Komponentenform und Transformation der Richtungskosinus

In der Beziehung (2.24) für die Transformation der Richtungskosinus berücksichtigen wir 2 Geschwindigkeiten und ihre Richtungen, einmal die des Lichtes und zum anderen die des Bezugssystems. Wir ersetzen jetzt den Richtungsvektor $\mathbf{n}$ durch das folgende Geschwindigkeitsverhältnis:

$$\mathbf{n} \leftarrow \frac{d\mathbf{r}}{dt \cdot c} \tag{3.1}$$

Entsprechend ersetzen wir die Richtungskosinus durch

$$\cos \varepsilon_i \leftarrow \frac{dx^l}{dt \cdot c} \quad \text{und} \quad \cos \varepsilon_i' \leftarrow \frac{dx^{l'}}{dt' \cdot c}. \tag{3.2}$$

Wir werden dann auch in dieser Art auf das allgemeine Additionstheorem der Geschwindigkeiten in Komponentenform geführt [2]:

$$\frac{dx^{l'}}{dt'} = \frac{\dfrac{dx^l}{dt}\sqrt{1-\dfrac{v^2}{c^2}} + v^l\left(\dfrac{1-\sqrt{1-\dfrac{v^2}{c^2}}}{v^2}\left(\mathbf{v}\cdot\dfrac{d\mathbf{r}}{dt}\right)-1\right)}{1-\dfrac{\mathbf{v}}{c^2}\dfrac{d\mathbf{r}}{dt}} \tag{3.3}$$

Setzen wir $v^1 = v$ sowie $v^2 = v^3 = 0$, so ergibt sich speziell aus (3.3):

$$\frac{dx'}{dt'} = \frac{\dfrac{dx}{dt}-v}{1-\dfrac{v}{c^2}\dfrac{dx}{dt}} \quad \frac{dy'}{dt'} = \frac{\dfrac{dy}{dt}\sqrt{1-\dfrac{v^2}{c^2}}}{1-\dfrac{v}{c^2}\dfrac{dx}{dt}} \quad \text{und} \quad \frac{dz'}{dt'} = \frac{\dfrac{dz}{dt}\sqrt{1-\dfrac{v^2}{c^2}}}{1-\dfrac{v}{c^2}\dfrac{dx}{dt}} \tag{3.4}$$

Wir erhalten bei beliebiger Geschwindigkeitsrichtung für das Quadrat der resultierenden Geschwindigkeit: ($\mathbf{v}_1$ und $\mathbf{v}_2$ seien die (relativistisch) zu addierenden Geschwindigkeitsvektoren):

$$v^2 = \frac{\left(\mathbf{v}_1 + \mathbf{v}_2\right)^2 - \frac{1}{c^2}\left(\mathbf{v}_1 \times \mathbf{v}_2\right)^2}{\left(1 + \frac{\mathbf{v}_1 \cdot \mathbf{v}_2}{c^2}\right)^2} \tag{3.5}$$

Sind die Geschwindigkeiten parallel so ergibt sich aus (3.5) speziell:

$$v = \frac{v_1 + v_2}{1 + \frac{v_1 \cdot v_2}{c^2}} \tag{3.6}$$

Wir betrachten den Fizeauschen Mitführungsversuch. Danach beeinflusst auch die Strömungsgeschwindigkeit (und Strömungsrichtung) eines Mediums die Geschwindigkeit des Lichtes. Die Lichtgeschwindigkeit in einem ruhenden Medium ist bekanntlich durch $c_R = \frac{c}{n}$ gegeben, wenn n die Brechzahl des Mediums ist. Beim Übergang in ein optisch dichteres Medium verringert sich die Lichtgeschwindigkeit. Bei einem strömenden Medium (mit $n > 1$) kommt es zu einem Mitführungseffekt, sodass sich die Geschwindigkeit des Mediums zur Lichtgeschwindigkeit im ruhenden Medium addiert. Wenn v die Strömungsgeschwindigkeit des Mediums ist, erhalten wir für die Lichtgeschwindigkeit im strömenden Medium c_S aus (3.6):

$$c_S = \frac{c}{n} \pm v\left(1 - \frac{1}{n^2}\right) \tag{3.7}$$

Hierbei tritt das Pluszeichen auf, wenn die Lichtrichtung mit der Strömungsrichtung übereinstimmt und das Minuszeichen, wenn die Strömungsgeschwindigkeit der Lichtrichtung entgegengesetzt ist. Der Mitführungskoeffizient $\left(1 - \frac{1}{n^2}\right)$ wird durch das Additionstheorem (3.6) begründet.

Im Allgemeinen müssen wir jedoch bei der Ausbreitung elektromagnetischer Wellen im strömenden Medium von der speziell-relativistischen Maxwell-Theorie ausgehen, was auf ein anderes Additionstheorem führt. Im Vakuum ($n = 1$) tritt der Mitführungseffekt natürlich nicht auf.

3.2 Geschwindigkeit elektromagnetischer Wellen im strömenden Medium bei beliebigen Geschwindigkeitsrichtungen im Raum

Wir wollen die Ausbreitung elektromagnetischer Wellen in einem homogenen, isotropen und bewegten Medium untersuchen. Hierfür müssen wir die Maxwell-Gleichungen in einem strom- und ladungsfreien Medium heranziehen (auf diese Herleitung sei hier nicht eingegangen). Wir wollen die Formel für die Phasengeschwindigkeit einer elektromagnetischen Welle in einem bewegten Medium angeben. Die kinematischen Betrachtungen, welche auf die obigen Additionstheoreme führen, kann man i.a. nicht einfach auf elektromagnetische Erscheinungen im strömenden Medium anwenden.

Ist ω die Kreisfrequenz, c_{Ph} die Phasengeschwindigkeit und n_l $l=1,2,3$ der Normalenvektor der Welle, so ergibt sich der Wellenzahl-Vierervektor zu:

$$(N_k) = \left(\frac{\omega}{c_{Ph}} n_l, -\frac{\omega}{c} \right) \tag{3.8}$$

Den Materialparameter beschreiben wir mit

$$\overline{p} = \varepsilon\mu - 1 = n^2 - 1, \tag{3.9}$$

wobei ε die Dielektrizität und μ die Permeabilität des Mediums ist. Mit n bezeichnen wir den Brechungsindex des Mediums. Weiterhin führen wir die Größe

$$\widetilde{p} = \frac{\overline{p}}{1 - \dfrac{v^2}{c^2}} \tag{3.10}$$

ein. Die Vierergeschwindigkeit des Mediums ist durch die Beziehungen

$$u^l = \frac{v^l}{\sqrt{1 - \dfrac{v^2}{c^2}}} \quad \text{und} \quad u^4 = \frac{c}{\sqrt{1 - \dfrac{v^2}{c^2}}} \tag{3.11}$$

bestimmt. Es ergibt sich damit zunächst der folgende Zusammenhang aus der Maxwell-Theorie[2]:

$$\left(\frac{c_{Ph}}{c} \right)^2 = \frac{1}{1 + \dfrac{\overline{p}}{\omega^2} \left(N_k u^k \right)^2} \tag{3.12}$$

Über k wird hierin von 1 bis 4 summiert.

Aus (3.12) erhalten wir nach Substitution der Vierervektoren:

$$\left(\frac{c_{Ph}}{c}\right)^2 = \frac{1}{1+\tilde{p}\left(\frac{\left(n_l v^l\right)}{c_{Ph}}-1\right)^2} \tag{3.13}$$

Hieraus ergibt sich die Phasengeschwindigkeit der elektromagnetischen Welle in einem homogenen, isotropen und bewegten Medium allgemein (bei beliebigen Geschwindigkeitsrichtungen) zu [2]:

$$c_{ph} = \frac{c}{1+\tilde{p}\left(\frac{u^4}{c}\right)^2}\left(\tilde{p}\frac{u^4}{c^2}\left(n_l u^l\right)\pm\sqrt{1+\frac{\tilde{p}}{c^2}\left\{\left(u^4\right)^2-\left(n_l u^l\right)^2\right\}}\right) \tag{3.14}$$

Über l wird hierin von 1 bis 3 summiert. Wenn wir nun noch die Komponenten der Vierergeschwindigkeit in (3.14) mit Hilfe von (3.11) ersetzen und (3.10) verwenden, so erhalten wir:

$$c_{ph} = \frac{c}{1+\tilde{p}}\left(\tilde{p}\frac{\left(n_l v^l\right)}{c}\pm\sqrt{1+\tilde{p}\left(1-\frac{\left(n_l v^l\right)^2}{c^2}\right)}\right) \tag{3.15}$$

Zeigt die Ausbreitungsrichtung der Lichtwelle und die Bewegungsrichtung des Mediums in x-Richtung, so erhalten wir aus (3.15) wieder die Beziehung (3.7). In dem Fall, dass die Strömungsrichtung senkrecht zur Ausbreitungsrichtung des Lichtes ist, erhalten wir (aus 3.15) die resultierende Geschwindigkeit der Welle zu:

$$c_{ph} = \pm\frac{c}{\sqrt{1+\tilde{p}}} \tag{3.16}$$

Man kann diese Gleichung auch auf die Form [2]

$$c_{ph} = \pm\frac{c}{n}\sqrt{\frac{1-\frac{v^2}{c^2}}{1-\frac{v^2}{n^2 c^2}}} \tag{3.17}$$

bringen.

4 Verallgemeinerte speziell-relativistische Transformationen optischer Kenngrößen bei Ausbreitung elektromagnetischer Wellen in einem strömenden Medium und Spezialfälle

Wir betrachten nun ein in beliebiger Richtung strömendes Medium, in welchem sich in beliebiger Richtung eine elektromagnetische Welle ausbreitet. Das Medium sei homogen und isotrop. Im Bezugssystem S' sei das Medium ruhend und gegenüber S sei es relativ bewegend. Wir suchen wieder die relativistischen Transformationen für die Richtungskosinus und die Frequenz der Welle. Im Bezugssystem S' ist die Geschwindigkeit der Lichtwelle durch

$$c_R = \frac{c}{n} \tag{4.1}$$

gegeben (ruhendes Medium) und im Bezugssystem S ist die Geschwindigkeit der Lichtwelle durch (3.15) gegeben, wobei wir

$$c_S = \frac{c}{1+\widetilde{p}}\left(\widetilde{p}\,\frac{\left(n_l v^l\right)}{c} \pm \sqrt{1+\widetilde{p}\left(1-\frac{\left(n_l v^l\right)^2}{c^2}\right)}\,\right) \tag{4.2}$$

mit

$$\widetilde{p} = \frac{n^2 - 1}{1 - \dfrac{v^2}{c^2}} \tag{4.3}$$

setzen (strömendes Medium). Man beachte in den Bezeichnungen, dass n die Brechzahl des Mediums, jedoch n_l bzw. $\mathbf{n}$, der Normalenvektor der Lichtwelle ist. Unter den gegebenen Voraussetzungen müssen wir nun in unserem allgemeinen Ansatz die unterschiedlichen Ausbreitungsgeschwindigkeiten der elektromagnetischen Welle in den unterschiedlichen Bezugssystemen berücksichtigen. Wir müssen daher unseren Ansatz (2.19) wie folgt modifizieren:

$$f\left(t - \frac{\mathbf{r}\cdot\mathbf{n}}{c_S}\right) = f'\left(t' - \frac{\mathbf{r}'\cdot\mathbf{n}'}{c_R}\right) \tag{4.4}$$

Da wir eine beliebige Strömungsrichtung des Mediums voraussetzen, müssen wir nun auf den Ansatz (4.4) die allgemeinen Lorentz-Transformationen anwenden.

Durch Einsetzen von (2.14) in (4.4) erhalten wir:

$$
\begin{aligned}
f \cdot k &\left(\frac{v^1}{nc} x' + \frac{v^2}{nc} y' + \frac{v^3}{nc} z' + c_R t' \right) - f \cdot \sigma \cdot \cos\alpha \{(1 + a_{11})x' + a_{12} y' + a_{13} z' + k \cdot v_x t'\} \\
&- f \cdot \sigma \cdot \cos\beta \{a_{21} x' + (1 + a_{22})y' + a_{23} z' + k \cdot v_y t'\} \\
&- f \cdot \sigma \cdot \cos\gamma \{a_{31} x' + a_{32} y' + (1 + a_{33})z' + k \cdot v_z t'\} \\
&= c_R f' \cdot t' - f' \cdot (x' \cos\alpha' + y' \cos\beta' + z' \cos\gamma')
\end{aligned}
\tag{4.5}
$$

Hierbei haben wir die gesamte Gleichung noch mit der Lichtgeschwindigkeit c_R im ruhenden Medium multipliziert. Mit

$$
\sigma = \frac{c_R}{c_S}
\tag{4.6}
$$

haben wir dabei das Geschwindigkeitsverhältnis der Lichtgeschwindigkeit im relativ ruhenden zu der Lichtgeschwindigkeit im strömenden Medium bezeichnet. Desweiteren haben wir

$$
\frac{c_R}{c} = \frac{1}{n} \quad \text{und} \quad b_i = \frac{kv^i}{c^2}
\tag{4.7}
$$

gesetzt. In (4.5) führen wir zunächst einen Koeffizientenvergleich bezüglich t' aus. Wir erhalten dann die Transformationsbeziehung für die Frequenz in der folgenden Form:

$$
f' = f \frac{1 - \dfrac{\mathbf{v} \cdot \mathbf{n}}{c_S}}{\sqrt{1 - \dfrac{v^2}{c^2}}}
\tag{4.8}
$$

Im Unterschied zur Gleichung im Vakuum haben wir also jetzt die Lichtgeschwindigkeit im strömenden Medium im Zähler zu berücksichtigen. Die Umkehrtransformation zu (4.8) ergibt sich wieder durch relativistische Vertauschung. Wir führen anschließend Koeffizientenvergleiche in (4.5) bezüglich der Raumkoordinaten in S' aus und erhalten daraus für die Transformation der entsprechenden Richtungskosinus:

$$
\cos\varepsilon_i' = \frac{\sigma\sqrt{1 - \dfrac{v^2}{c^2}}\,\cos\varepsilon_i + \left(\sigma \dfrac{1 - \sqrt{1 - \dfrac{v^2}{c^2}}}{v^2}(\mathbf{v}\cdot\mathbf{n}) - \dfrac{1}{n \cdot c} \right) v^i}{1 - \dfrac{\mathbf{v}\cdot\mathbf{n}}{c_S}}
\tag{4.9}
$$

Daraus ergibt sich wegen (2.26) mit (4.9) für den Aberrationswinkel:

$$\cos\vartheta = \sum_{i=1}^{3} \frac{\sigma\sqrt{1-\dfrac{v^2}{c^2}}\cos^2\varepsilon_i + \left(\sigma\dfrac{1-\sqrt{1-\dfrac{v^2}{c^2}}}{v^2}(\mathbf{v}\cdot\mathbf{n})-\dfrac{1}{n\cdot c}\right)v^i\cos\varepsilon_i}{1-\dfrac{\mathbf{v}\cdot\mathbf{n}}{c_S}} \qquad (4.10)$$

Wir haben wieder $\varepsilon_1 = \alpha$ $\varepsilon_2 = \beta$ und $\varepsilon_3 = \gamma$ gesetzt. Im Unterschied zur entsprechenden Gleichung im Vakuum, müssen wir also jetzt im Zähler das Verhältnis der Lichtgeschwindigkeit im ruhenden zur Lichtgeschwindigkeit im strömenden Medium sowie die Brechzahl n berücksichtigen und im Nenner müssen wir die Lichtgeschwindigkeit im strömenden Medium verwenden. Wir betrachten nun einige Spezialfälle dieser Beziehungen. Für den longitudinalen Doppler-Effekt erhalten wir jetzt aus (4.8):

$$f' = f\frac{1\pm\dfrac{v}{c_S}}{\sqrt{1-\dfrac{v^2}{c^2}}}\quad\text{mit}\quad v = \sqrt{(v_x)^2+(v_y)^2+(v_z)^2} \qquad (4.11)$$

Für den Fall, dass die Lichtrichtung senkrecht zur Strömungsrichtung in S ist (transversaler Doppler-Effekt) ergibt sich wieder für die Frequenz

$$f' = \frac{f}{\sqrt{1-\dfrac{v^2}{c^2}}} \qquad (4.12)$$

Für die Richtungskosinus ergibt sich für diesen Fall:

$$\cos\varepsilon_i' = \sigma\sqrt{1-\frac{v^2}{c^2}}\cos\varepsilon_i - \frac{1}{n\cdot c}v^i \qquad (4.13)$$

Betrachten wir nun speziell die Bewegung des Mediums in x-Richtung, so ist $v_x = v$ und $v_y = v_z = 0$. Aus (4.8) ergibt sich dann:

$$f' = f\frac{1-\dfrac{v}{c_S}\cos\alpha}{\sqrt{1-\dfrac{v^2}{c^2}}} \qquad (4.14)$$

Aus (4.9) ergibt sich dann speziell für die Transformation der Richtungskosinus:

$$\cos\alpha' = \frac{\sigma\cos\alpha - \dfrac{v}{n\cdot c}}{1 - \dfrac{v}{c_S}\cos\alpha} \qquad (4.15)$$

sowie

$$\cos\beta' = \sigma\cos\beta\,\frac{\sqrt{1-\dfrac{v^2}{c^2}}}{1-\dfrac{v}{c_S}\cos\alpha} \quad \text{und} \quad \cos\gamma' = \sigma\cos\gamma\,\frac{\sqrt{1-\dfrac{v^2}{c^2}}}{1-\dfrac{v}{c_S}\cos\alpha} \qquad (4.16)$$

Aus den letzen beiden Gleichungen gewinnen wir:

$$\frac{\cos\beta'}{\cos\gamma'} = \frac{\cos\beta}{\cos\gamma} \qquad (4.17)$$

Bei einer Bewegung in x-Richtung und einem Richtungswinkel von $\alpha = \dfrac{\pi}{2}$ erhalten wir speziell aus den Beziehungen (4.15) und (4.16):

$$\cos\alpha' = -\frac{v}{n\cdot c} \qquad (4.18)$$

sowie

$$\cos\beta' = \sigma\cos\beta\sqrt{1-\frac{v^2}{c^2}} \quad \text{und analog} \quad \cos\gamma' = \sigma\cos\gamma\sqrt{1-\frac{v^2}{c^2}}\;. \qquad (4.19)$$

Speziell wollen wir nun auch $\gamma = \dfrac{\pi}{2}$ setzen. Mit (4.18) und (4.19) unter Verwendung der Spezialisierung (3.17) (Lichtrichtung senkrecht zur Strömungsrichtung) ergibt sich dann für den Aberrationswinkel [2]:

$$\tan\vartheta = \frac{\dfrac{v}{cn}}{\sqrt{1-\dfrac{v^2}{n^2c^2}}} \approx \frac{v}{c\cdot n} \qquad (4.20)$$

5   Über die Möglichkeit relativistischer Umkehreffekte, Zeitkontraktion

Eine Umstellung der Formel für die relativistische Zeitverschiebung oder auch eine relativistische Vertauschung führt uns keineswegs auf den Schluss einer Zeitkontraktion. Wenn eine Zeitkontraktion tatsächlich auftreten kann, so müssen wir sie ebenfalls, wie die Zeitdehnung, als Raum-Zeit und Perspektiveffekt begründen.

Zunächst können wir aber aus der Formel (4.12) für den transversalen Doppler-Effekt eine interessante Schlussfolgerung ziehen. Wenn nämlich die Wellennormale senkrecht zur Geschwindigkeitsrichtung des Mediums (in S) ist, so tritt eine Frequenzvergrößerung mit Vergrößerung der Geschwindigkeit auf (in S'). Mithin wird dann die Periodendauer verringert. Es ergibt sich nämlich für diesen Fall:

$$T' = T\sqrt{1 - \frac{v^2}{c^2}} \tag{5.1}$$

Hier taucht aber die Lichtgeschwindigkeit im ruhenden oder strömenden Medium gar nicht mehr auf, sondern nur noch die Lichtgeschwindigkeit im Vakuum. Wir haben es also in diesem Fall mit einem Allgemeinen, vom Material (der Art des Mediums) unabhängigen Effekt zu tun. Diesen Effekt könnte man deshalb als Zeitkontraktion deuten. Wir vermuten danach, dass es Bedingungen geben muss, wobei allgemein (für jedes Zeitintervall) die Transformation

$$\Delta t' = \Delta t \sqrt{1 - \frac{v^2}{c^2}} \tag{5.2}$$

auftritt. Umkehreffekte können aus veränderten Bedingungen bei der Messung tatsächlich gefolgert werden. Wir verwenden für den Nachweis die speziellen Lorentz-Transformationen. Nehmen wir bei der Bestimmung von Δt an, dass in S die Raumkoordinaten gleich ermittelt werden (Eintreffen der Lichtsignale am gleichen Ort), dann ist $x_1 = x_2$. Daraus folgt aber aus den Lorentz-Transformationen: $x_1' + vt_1' = x_2' + vt_2'$ und damit

$$x_2' - x_1' = -v\left(t_2' - t_1'\right) = -v\Delta t' \ . \tag{5.3}$$

Damit folgern wir: $\Delta t = \Delta t' \cdot \sqrt{1 - \frac{v^2}{c^2}}$ $\tag{5.4}$

Analog erhalten wir für $\Delta t'$ in S', wenn $x_1' = x_2'$ ermittelt wird:

$$\Delta t' = \Delta t \cdot \sqrt{1 - \frac{v^2}{c^2}}$$

Wieder ergibt sich also ein Perspektiveffekt, diesmal aber als Zeitkontraktion. Die Zeitkontraktion entspricht dem transversalen Doppler-Effekt (Winkel zwischen der Bewegungsrichtung der Quelle und der Ausbreitungsrichtung der elektromagnetischen Welle vom Standpunkt der Quelle ist 90 Grad).

Wir begründeten oben, dass auch die Zeitdehnung mit dem transversalen Doppler-Effekt im Zusammenhang gebracht werden kann, allerdings ist dann der Beobachterwinkel rechtwinklig. Es ergibt sich für die Zeitdehnung bekanntlich

$$\Delta t' = \frac{\Delta t}{\sqrt{1 - \frac{v^2}{c^2}}} \text{ für } x_1 = x_2 \text{ bzw. } \Delta t = \frac{\Delta t'}{\sqrt{1 - \frac{v^2}{c^2}}} \text{ für } x_1' = x_2' \, . \tag{5.5}$$

Ebenso lässt sich neben der Längenkontraktion auch eine relativistische Längendehnung folgern, je nachdem, in welchem Bezugssystem die Zeitkoordinaten gleich gemessen werden. Wir erhalten zunächst

$$\Delta x = \Delta x' \cdot \sqrt{1 - \frac{v^2}{c^2}} \text{ für } t_1 = t_2 \text{ und } \Delta x' = \Delta x \cdot \sqrt{1 - \frac{v^2}{c^2}} \text{ für } t_1' = t_2' \, , \tag{5.6}$$

also eine Längenkontraktion als Perspektiveffekt, wenn die Zeitkoordinaten in dem betreffenden Bezugssystem gleich gemessen werden, von dem aus die Längenmessung erfolgt. In dem anderen Fall (wenn die Zeitkoordinaten im jeweils anderen Bezugssystem gleich bestimmt werden) ergibt sich aber eine relativistische Längenzunahme. Also:

$$\Delta x = \frac{\Delta x'}{\sqrt{1 - \frac{v^2}{c^2}}} \text{ für } t_1' = t_2' \text{ und } \Delta x' = \frac{\Delta x}{\sqrt{1 - \frac{v^2}{c^2}}} \text{ für } t_1 = t_2 \tag{5.7}$$

Wir sehen also, dass wir durchaus relativistische Umkehreffekte bestimmter Art folgern können, welche ebenfalls als Raum-Zeit und Perspektiveffekte auftreten und welche nicht vom Material abhängen. Dies lässt sich interessanter Weise mit dem Doppler-Effekt in der Optik und mit Messbedingungen in Verbindung bringen.

Man beachte jedoch, dass aus dem 4-dimensionalen Linienelementquadrat bei Einführung der Eigenzeit τ der Zusammenhang

$$d\tau = dt \cdot \sqrt{1 - \frac{v^2}{c^2}} \tag{5.8}$$

gefolgert wird, der mit einer Zeitdehnung in Verbindung steht.

Wir haben in diesem Beitrag bestimmte Verallgemeinerungen von Transformationsbeziehungen in der speziell- relativistischen Optik behandelt. In der allgemein-relativistischen Optik muss dann der Einfluss der Gravitation auf die Lichtausbreitung berücksichtigt werden (Lichtkrümmung, Frequenzverschiebung, Lichtgeschwindigkeitsänderung, Laufzeitänderung usw. im Gravitationsfeld).

Literatur

[1] Schmutzer, E. : Grundlagen der theoretischen Physik, Teil 1 und 2, Wissenschaftsverlag, Mannheim-Wien-Zürich 1989.

[2] Schmutzer, E. : Relativistische Physik, Teubner Verlagsgesellschaft, Leipzig 1968.